Bibliographic information published by the German National Library:

The German National Library lists this publication in the National Bibliography; detailed bibliographic data are available on the Internet at http://dnb.dnb.de .

Imprint:

Copyright © 2017 GRIN Verlag, Open Publishing GmbH
Print and binding: Books on Demand GmbH, Norderstedt Germany
ISBN: 9783668470538

This book at GRIN:

http://www.grin.com/es/e-book/358872/saneamiento-de-suelos-contaminado-con-diesel-utilizando-zea-mays-como-fitorremediador

Silvia Karina Sandoval Soto

Saneamiento de suelos contaminado con diésel utilizando Zea mays como fitorremediador

GRIN Publishing

GRIN - Your knowledge has value

Since its foundation in 1998, GRIN has specialized in publishing academic texts by students, college teachers and other academics as e-book and printed book. The website www.grin.com is an ideal platform for presenting term papers, final papers, scientific essays, dissertations and specialist books.

Visit us on the internet:

http://www.grin.com/

http://www.facebook.com/grincom

http://www.twitter.com/grin_com

UNIVERSIDAD JUÁREZ DEL ESTADO DE DURANGO

Facultad de Ciencias Forestales

Ing. En manejo Ambiental

Proyecto de movilidad.

"Saneamiento de suelos contaminado con diésel utilizando Zea mays como fitorremediador.

Elaborado por:

Sandoval Soto Silvia Karina.

03 de abril de 2017.

Contenido

1. INTRODUCCIÓN.

En México se tiene un número considerable de sitios contaminados con hidrocarburos como resultado de fugas o descargas accidentales de petróleo, gasolina, diesel y turbosina.

Las plantas pueden ayudar a limpiar o estabilizar un contaminante en el suelo si la concentración de éste no es fitotóxica. La interacción raíz-microorganismo contribuye significativamente en la reducción, remoción, degradación o estabilización de contaminantes. De esta forma, la fitorremediación constituye una estrategia menos costosa y ambientalmente amigable para sanear suelos contaminados con hidrocarburos (Cunningham et al. 1996).

2. OBJETIVO GENERAL.

Durante este proyecto a nivel personal espero aprender no solo la parte teórica de la biorremediación si no poder aplicar de forma práctica ya que es la rama de la carrera de Ingeniero ambiental que más interés me causa. De manera profesional espero enriquecer mis conocimientos y habilidades para desempeñarme como futura IMA, además deseo adquirir aptitudes necesarias para analizar situaciones que generan un impacto al medio ambiente y buscar posibles soluciones. Institucionalmente espero enaltecer el nombre de la Facultad de Ciencias Forestales al ejercer los conocimientos que hasta el día de hoy he adquirido siendo parte de esta institución.

Como producto final de este proyecto se obtendrá un documento que redactara dos técnicas una de biorremediación utilizando organismos nativos de Cancún, otra utilizando *Zea mays* como fitorremediador, redactando los métodos que utilizare y los elementos necesarios para llevar a cabo este procedimiento. La realización de este proyecto podrá servir futuramente como base para alumnos de la UJED que deseen obtener información acerca de la biorremediación de suelos ya que deseo mantener de forma accesible los datos adquiridos, además esta información será útil para el manejo de zonas contaminadas y reducción de la contaminación causada por hidrocarburos.

2.1. OBJETIVOS ESPECÍFICOS.

- Recolectar muestras de suelos en diferentes zonas de la Universidad del Caribe con diversas características para obtener una variedad de microorganismos nativos de Cancún, y clasificar las muestras recolectadas, esto durante el primer trimestre del año 2017.
- Obtener semillas de maíz con un distribuidor local para realizar el tratamiento con fitorremediador y otros tratamientos de biorremediación en suelos que solamente tienen microorganismos nativos de la región a mediados del segundo trimestre del año 2017.
- Realizar estudio analítico en algunos de los tratamientos realizados, elegidos al azar, A principios del segundo trimestre del año.
- Comparar los resultados del tratamiento realizado con *Zea mays* y el tratamiento realizado con microorganismos nativos de la región, en suelos contaminados con diésel y la información obtenida durante la realización del proyecto la publicare en una página web para mantener la accesibilidad de los datos, para que esta metodología pueda ser utilizada por otros alumnos y de esta forma estas técnicas adquieran más auge. Esto como producto final del proyecto.

3.1. IMPACTO DEL PROYECTO.

Durante el desarrollo de este proyecto espero poder desempeñar dos técnicas diferentes de biorremediación en suelos contaminados con diésel y de esta forma lograr reducir la contaminación causada por diésel de una fracción de suelo. También espero poder facilitar la información metodológica que se utiliza para realizar estas técnicas de forma sencilla y entendible para de esta forma motivar a más jóvenes a realizar este tipo de proyectos que ayudan a mejorar la calidad del medio ambiente y que este tipo de prácticas adquiera cada vez más auge.

4.1. MATERIALES Y MÉTODOS.

Materiales:

- Tierra recolectada de diferentes puntos.
- 24 macetas pequeñas
- Semillas de maíz
- Alcohol
- Cloro
- Algodón
- Charola
- Aluminio
- Diésel
- Cubeta de precipitación
- Vaso lavador.
- Casa de campaña.

4.1.1. Toma de muestras.

- Durante el primer trimestre se recolectaron muestras de suelo en la Universidad del Caribe, esto con la finalidad de obtener una variedad de microorganismos nativos de Cancún.
- Las muestras se recolectaron en siete puntos diferentes esto para disminuir el sesgo en los resultados finales.
- El suelo para obtener a los microorganismos nativos se colecto de diferentes puntos de la universidad evitando sitios sin vegetación u hojarasca.

4.1.2. Clasificación de muestras.

Las muestras se dividen en factores:

1) Microorganismos nativos, fitorremediación con *Zea mays*
2) Microorganismos nativos con *Zea mays*. Y
3) Niveles de 1.5, 3.0 y 4.5 g/Kg de diésel, en cada tratamiento tendrá tres repeticiones.

Dichas muestras a su vez se clasificaron por colores en función del sitio de recolección.

La clasificación queda de la siguiente manera:

Tabla 1. Clasificación de muestras por tipo de tratamiento y concentración de diésel.		
Maceta:	Tipo de tratamiento.		
Azul	Microorganismos nativos, fitorremediación con *Zea mays* a *1.5 g/Kg diésel*	Microorganismos nativos, fitorremediación con *Zea mays a 3 g/Kg diésel*	Microorganismos nativos, fitorremediación con *Zea mays* a *4.5 g/Kg diésel*
Verde	Microorganismos nativos a *1.5 g/Kg diésel*	Microorganismos nativos a *3 g/Kg diésel*	Microorganismos nativos a *4.5 g/Kg diésel*
Rosa	Microorganismos nativos a *1.5 g/Kg diésel*	Microorganismos nativos a *3 g/Kg diésel*	Microorganismos nativos a *4.5 g/Kg diésel*
Amarillo	Microorganismos nativos, fitorremediación con *Zea mays* a *1.5 g/Kg diésel*	Microorganismos nativos, fitorremediación con *Zea mays a 3 g/Kg diésel*	Microorganismos nativos, fitorremediación con *Zea mays* a *4.5 g/Kg diésel*
Gris	Microorganismos nativos, fitorremediación con *Zea mays* a *1.5 g/Kg diésel*	Microorganismos nativos, fitorremediación con *Zea mays a 3 g/Kg diésel*	Microorganismos nativos, fitorremediación con *Zea mays* a *4.5 g/Kg diésel*
Naranja	Microorganismos nativos, fitorremediación con *Zea mays* a *1.5 g/Kg diésel*	Microorganismos nativos, fitorremediación con *Zea mays a 3 g/Kg diésel*	Microorganismos nativos, fitorremediación con *Zea mays* a *4.5 g/Kg diésel*
Negro	Microorganismos nativos a *1.5 g/Kg diésel*	Microorganismos nativos a *3 g/Kg diésel*	Microorganismos nativos a *4.5 g/Kg diésel*
Negro	Control	Control	Control

Imagen 1: clasificación de muestras por tipo de tratamiento y sitio de recolección.

4.1.3. Germinación de Zea mays.

Las semillas de maíz se obtuvieron con un distribuidor local (maíz local), se lavaron con cloro al 5% y se colocarán en algodón. Se adicionó agua hasta capacidad de campo y posteriormente se colocaran en charolas de germinación revisando cada día el porcentaje de germinación. (Al cuarto día se completó la germinación) para posteriormente inocular las plántulas en 12 de las 24 macetas.

Imagen 2: charolas de germinación.

Imagen 3: Zea mays Germinada

4.1.4. Adición de diésel y etiquetado.

- Se añadieron a las macetas las cantidades de diésel descritas en la *tabla 1.*
- A cada una de las macetas se les etiqueto por las cantidades de diésel que se les agregaba se enumeraron en base a esto es decir 1 = 1.5 g/kg diésel 2 = 3.0 g/kg diésel y 3 = 4.5 g/kg diésel, a su vez se clasificaron en colores agrupando según el sitio de recolección. Tomando como evidente las que estaban siendo tratadas bajo un proceso de fitorremediación, y las que solo eran tratadas con microorganismos nativos.

Imagen 4: adición de diésel y etiquetado.

4.1.5 Mantenimiento de los tratamientos.

Las macetas se deben mantener aisladas de diversos factores meteorológicos, para impedir que estas se contaminen, de esta forma se introdujeron a una casa de campaña y se les brindo mantenimiento fueron regadas a diario, durante tres semanas, para que de esta forma las plantas y microorganismos se oxigenen y puedan realizar sus procesos metabólicos con normalidad dando un efecto tipo invernadero.

Imagen 5: mantenimiento de los tratamientos.

4.2. Análisis mediante el método de extracción Soxhlet.

MATERIALES Y REACTIVOS

-   Soporte universal
-   Bascula analítica
-   Aro mediano con nuez
-   Plancha de calentamiento
-   Embudo de decantación de 250 ml
-   Dos probetas de 100 ml tres erlenmeyer de 150 ml con tapa esmerilada
-   Vidrio de reloj
-   Espátula
-   Extractor soxhlet completo para cada grupo (el balón y el extractor deben tener el mismo volumen).
-   Dos pinzas para refrigerente
-   Alambre de cobre Papel de filtro flujo rápido Material general Plancha de calentamiento Un rotavapor
-   Tamiz.

Reactivos: (volúmenes por grupo)

- Solución acuosa de yodo-yoduro (0,3%) 50ml
- Tetracloruro de carbono 100ml
- Éter de petróleo 100ml
- 2 gramos de cada una de las muestras de suelo

Procedimiento:

Para realizar el procedimiento de extracción de Soxhlet recibí el apoyo y asesoramiento de Biólogo Uriel Ramón Jakousi Rodríguez. Dicho procedimiento a grandes rasgos se realizó de la siguiente manera.

- Se pesó la porción de suelo previamente tamizada a tal modo que nos dieran 2,0g del material seco a extraer
- Se colocó en el balón o bien el recipiente del extractor, previamente tamizado y pesado,
- Se adicionaron los solventes.
- Se ensamblo el equipo, se colocó el éter de petróleo, para de esta forma iniciar con la extracción.
- Este procedimiento duro dos horas aprox. Posteriormente se desconectó el extractor para poder recupere el solvente en el rotavapor y se pesó el diésel obtenido.

Imagen 6: muestra de suelo en vidrio de reloj

Imagen 7:Tamizado de muestra

Este procedimiento se realizó en cada uno de los tratamientos (fitorremediación y biorremediación con microorganismos nativos) pero se eligieron al azar una maceta de diferentes sitios de recolección, de tal forma que se obtendría un análisis por sitio de recolección, pero a su vez se analizaron todas las concentraciones y ambos tratamientos.

Esto para poder obtener resultados unificados con una cantidad de recursos limitada, pero con la finalidad de poder contemplar las diferentes variables en función al sitio de recolección y a su vez obtener resultados de cada una de las concentraciones. Ya que se tuvo una cantidad de recursos de tiempo espacio y reactivos (En laboratorio) limitada. Como se explica a detalle en el punto 5.

5. Interpretación de resltados.

Bajo la siguiente metodología se obtuvieron los resultados de la concentración final de diésel en las muestras analisadas.

En el caso de la maceta 1 verde (tratamiento realizado con biorremediación basada en microorganismos nativos a una concentración de 1.5 g /kg diesel):

Dónde:

1kg: corresponde al contenido de tierra de la maceta

.2kg: corresponde a la muestra de suelo analizada

.298 g /kg diésel: corresponde a la cantidad de diésel

Obtenida en el análisis y,

C_{Final}: corresponde a la concentración final de diésel

presente en la maceta después del tratamiento

$$C_{Final} = . \frac{(298\,\frac{g}{kg} \times 1\ kg)}{.2\ kg}$$

$$C_{Final} = 1.49$$

Es decir:

La concentración de diésel inicial en un kilogramo de tierra es de 1.5 g/kg, la concentración después del tratamiento en 2 g de muestra es de .298 g/kg diésel. Y la concentración total final en la maceta verde con tratamiento de microrganismos nativos es de 1.49.

- Mientras que el tratamiento   2 Naranja (tratamiento realizado con fitorremediacion a una concentración de 3.0 g/kg diesel) obtuvo los siguientes resultados:

Dónde:

1kg: corresponde al contenido de tierra de la maceta

.2kg: corresponde a la muestra de suelo analizada

.52 g /kg diésel: corresponde a la cantidad de diésel

Obtenida en el análisis de la muestra de suelo después del tratamiento y,

$CFinal$: corresponde a la concentración final de diésel presente en la maceta después del tratamiento.

$$CFinal = \frac{(.52\ \frac{g}{kg} \times 1\ kg)}{.2\ kg}$$

$$CFinal = 2.6\ g/kg\ Diesel.$$

Expongo un ejemplo por tratamiento de la fórmula que se utilizó para obtener la concentración de diésel después del tratamiento. Bajo este principio se determinaron las concentraciones finales para cada uno de los tratamientos obteniendo resultados similares por tipo de tratamiento, difiriendo claro por las concentraciones de diésel añadidas en un principio. Como se muestra en la tabla 2.

Tabla 2: concentración final de diesel			
Maceta	Concentración 1.5 g/kg diésel.	Concentración 3.0 g/kg diésel.	Concentración 4.5 g/kg diésel.
Azul (fitorremediación)			4.12 g/kg diésel.
Verde (microorganismos nativos)	1.49 g/kg diésel.		
Rosa: (microorganismos nativos)		2.89 g/kg diésel.	
Amarillo (fitorremediación)	1.6 g/kg diésel.		
Gris(Fitorremediación)		2.7 g/kg diésel.	
Negro (microorganismos			4.4 g/kg diésel.

nativos) Naranja (Fitorremediación.)		2.6 g/kg diésel.	
Negro (control)	0	0	0

La tabla 2, contiene los resultados de las concentraciones de diésel que se obtuvieron después del tratamiento.

En la columna de la izquierda se describe la maceta por tipo de tratamiento color que se le asigno en función al sitio de donde se recolectó.

Las tres columnas de la derecha corresponden a las concentraciones de diésel que fueron añadidas en un principio y las concentraciones que se obtuvieron después del tratamiento respectivamente.

Como se dijo con anterioridad se realizó solo un análisis por zona de recolección, pero a su vez tratando de contemplar todas las concentraciones.

6. Conclusión

Como se puede observar en la interpretación de resultados los tratamientos que se realizaron con fitorremediación utilizando *Zea mays*, como era de esperarse, mostraron una mayor capacidad para disminuir las concentraciones de diésel que en los suelos que solo se utilizó la biorremediación con microorganismos, pero en ambos casos se muestra una disminución en las concentraciones de diésel iniciales, esto claro porque los microorganismos por si solos tienen la capacidad de degradar compuestos de hidrocarburos, pero una vez que se combina con fitorremediación la degradación de los compuestos mejoró.

En cuanto a la variabilidad de disminución de concentración que se mostró en las diferentes muestras de suelo por sitio de recolección, se observa que es mínima, esto puede ser causado por la cantidad de nutrientes presentes en el suelo, dependiendo de la vegetación o erosión que este presentaba al momento de su recolección.

Podemos decir que ambos tratamientos fueron exitosos, ya que aunque la degradación de diésel fue mínima debemos contemplar que el periodo de tiempo en el que fueron tratados fue relativamente corto (3 semanas). Si la tendencia de degradación que se mostró en los tratamientos de fitorremediación se mantienen a la misma velocidad, se estima que el compuesto de 3.5 g/kg se podría degradar por completo en 27 semanas.